Cet album appartient à

nuinui

Carte d'identité

Nom : ....

Surnom : ....

Race : ....

Date de naissance : ....

Lieu de naissance : ....

Âge (en mois/années) à mon arrivée : ....

La couleur de mes yeux : ....

Mon pelage : ....

Taille : ....

Poids : ....

Comment sont mes oreilles : ....

Comment est ma queue : ....

Ma photo d'identité

Signes particuliers : ……………………………………………………

Que signifie mon nom ? ....

....

Comment aurais-je pu m'appeler ? ....

....

Qui a choisi mon nom ? ....

Quels sont mes surnoms et que signifient-ils ?

.... veut dire ....

.... veut dire ....

.... veut dire ....

.... veut dire ....

Qui les a inventés ?

....

l'a inventé ....

....

l'a inventé ....

....

l'a inventé ....

....

l'a inventé ....

Mes griffes

Mon poil

Mes oreilles

Cadre pour photographies ou dessins

Mon signe du zodiaque

Signe du zodiaque : ....

Ascendant : ....

Signe opposé et complémentaire : ....

Métal : ....

Couleurs : ....

Planète : ....

Caractéristiques : ....

21/3 • 20/4
bélier
vivacité
caractère passionné

21/4 • 20/5
taureau
ténacité
sensualité

21/5 • 21/6
gémeaux
romantisme
finesse

22/6 • 22/7
cancer
émotivité
sensibilité

23/7 • 23/8
lion
courage
vanité

24/8 • 22/9
vierge
méfiance
intelligence

23/9 • 22/10
balance
élégance
paresse

23/10 • 22/11
scorpion
magnétisme
force

23/11 • 21/12
sagittaire
optimisme
imagination

22/12 • 20/1
capricorne
perfectionnisme
sens musical

21/1 • 19/2
verseau
altruisme
anticonformisme

20/2 • 20/3
poissons
jovialité
gourmandise

Mon ancienne maison :

(cadre pour photographie)

(cadre pour photographie)

(cadre pour photographie)

Mes premiers mois :

Notre première rencontre :

Mes origines

Je viens de : ....

Les noms de mes parents (chats) : ....

....

Les noms de mes parents (humains) : ....

Mes frères et mes sœurs : ....

....

Mes anciens amis : ....

....

....

....

Autre : ....

....

....

....

Album de famille

Colle ici les photographies des autres membres de ma famille.

Ma famille

Mes premiers jours dans ma nouvelle famille : ....

....

....

....

Les membres de la famille qui vivent avec moi : ....

....

....

Autres animaux éventuels : .... nom ....

.... nom ....

.... nom ....

Mon premier refuge : ....

....

....

....

....

....

....

Dans ma nouvelle maison :

(cadre pour photographie)

(cadre pour photographie)

Avec ma nouvelle famille :

Vidéo : http

Mes premiers repas :

Et mes premiers jeux :

(cadre pour photographies)

La première fois que j'ai...

Quelle émotion la première fois que j'ai joué avec toi ou que j'ai chassé un petit animal...

Et quand j'ai enfin compris où faire mes besoins... quel merveilleux moment !

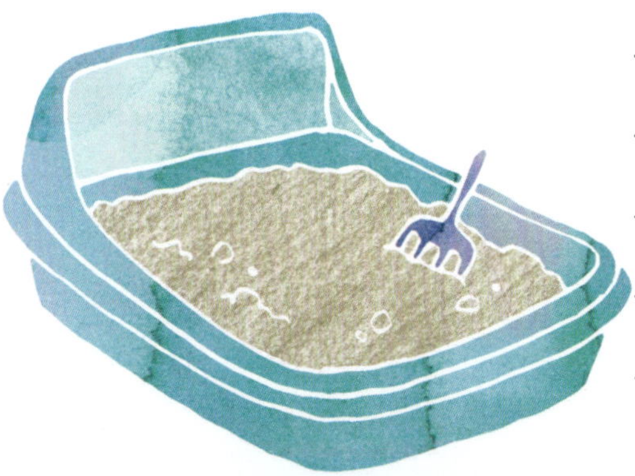

(cadre pour photographie)

Lieu ....

date ....

Vidéo : http ....

(cadre pour photographie)

À la maison, j'ai mâchouillé…

- ....
- ....
- ....
- ....
- ....
- ....
- ....
- ....
- ....
- ....

Lieu ....

date ....

(cadre pour photographies)

Tout sur moi

Mes jeux préférés

(cadre pour photographie)

Comme tous les chats,

moi aussi j'aime jouer.

Quels sont mes jeux préférés ?

(cadre pour photographie)

Voyons si tu connais mes goûts :

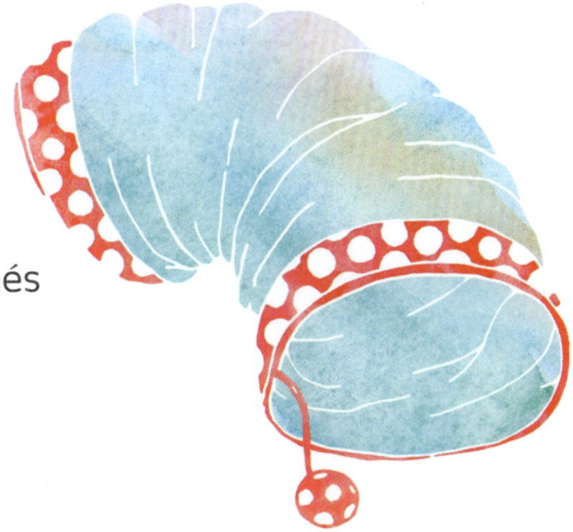

- jouer avec une balle
- grimper
- courir
- chasser les lézards
- défaire une pelote
- jouer avec un autre chat
- chercher des objets cachés
- courir après quelqu'un
- m'accrocher aux rideaux
- jouer au tir à la corde
- tendre un guet-apens
- me cacher dans une boîte
- m'amuser avec un jouet en tissu
- poursuivre une souris mécanique
- capturer une proie en caoutchouc
- enfoncer ma tête dans un sac
- autre ....
- ....
- ....

mes jeux préférés : ....

....

....

Tout sur moi

Mes aliments préférés

Comme tous les chats, je ne suis pas vorace et j'aime choisir ma pâtée. Ne suis-je pas adorable quand je savoure ce qui me plaît ?

(cadre pour photographie)

(cadre pour photographie)

....

....

Vidéo : http .... *Vidéo : http* ....

Quels sont mes aliments préférés ? Voyons si tu connais mes goûts :

- herbe à chat
- croquettes au poisson
- croquettes au bœuf
- croquettes au poulet
- riz soufflé
- lait
- restes de nourriture
- pain
- pizza
- yaourt
- autre ....

....
....
....

- biscuits
- légumes
- fruits
- viande
- poisson
- pâtes
- je me damnerais pour

....
....
....
....
....
....
....

Mes recettes préférées

(cadre pour photographie)

(cadre pour photographie)

Tout sur moi
Mes endroits préférés

J'aime rester dehors ou sur le canapé. Mais dans bien d'autres endroits aussi... Voyons si tu connais ceux que je préfère :

- ☐ dans un arbre
- ☐ canapé
- ☐ coussin
- ☐ fauteuil
- ☐ au chaud
- ☐ sur le toit
- ☐ dans une boîte
- ☐ dans un tiroir
- ☐ derrière une vitre
- ☐ dans l'armoire
- ☐ cuisine
- ☐ salle de bains
- ☐ lit
- ☐ chaise à bascule
- ☐ au frais
- ☐ près du radiateur
- ☐ autre ....
- ☐ ....
- ☐ ....
- ☐ ....
- ☐ ....

placer ici une photo de mon endroit favori

Vidéo : http

et ici une photo de mon deuxième endroit favori

(cadre pour photographies)

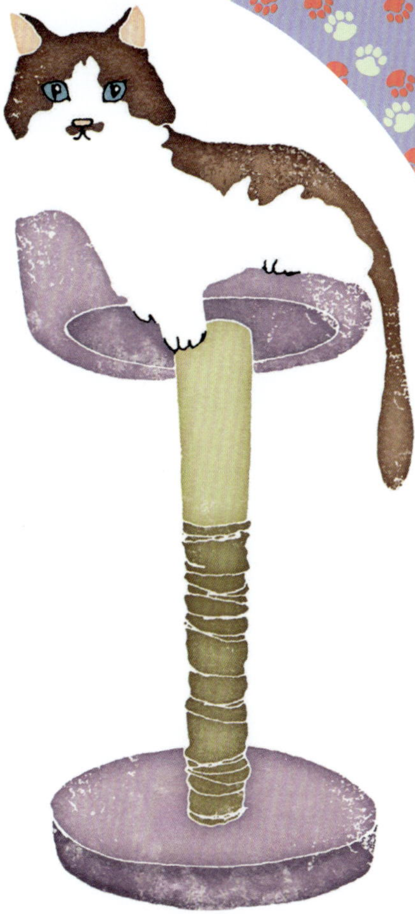

Tout sur moi

Mes meilleurs amis

Je suis gentil et je me frotte, puis je me mets à ronronner une fois que je les ai reniflés. De qui s'agit-il ? De mes meilleurs amis, bien entendu : une splendide petite chatte ou un gros chat un peu crâneur mais si mignon, une fillette qui me caresse, une souris en tissu…

coller les photos et inscrire les noms correspondants, avec éventuellement un commentaire

Mes meilleurs amis (animaux) sont :

nom .... race/espèce ....

nom .... race/espèce ....

nom .... race/espèce ....

nom .... race/espèce ....

Mais j'ai aussi d'autres amis (humains, choses) :

Tout sur moi

Mes pires ennemis

Je n'y peux rien, ils m'énervent.

Je fais le gros dos, je hérisse mon poil et je remue la queue quand je les voie, en leur crachant parfois après.

Voyons si tu sais qui sont mes ennemis jurés…

- ☐ voiture/moto
- ☐ vélo
- ☐ facteur
- ☐ agent de police
- ☐ autre chat
- ☐ chien agressif
- ☐ sonnette
- ☐ journal
- ☐ aspirateur
- ☐ celui/celle qui me donne le bain
- ☐ vétérinaire
- ☐ rideaux
- ☐ sifflet
- ☐ cage
- ☐ porte close
- ☐ boîte fermée

autre

Tout sur moi

Ce que j'aime faire

Il y a des choses que j'aime faire jusqu'à épuisement, à en devenir fou. Et d'autres qui m'amusent, tout simplement. Sais-tu quelles sont mes activités préférées ?

- ☐ dormir
- ☐ manger
- ☐ courir
- ☐ me chauffer au soleil
- ☐ tendre un guet-apens
- ☐ ronronner
- ☐ me frotter
- ☐ faire mes griffes
- ☐ me lécher le poil
- ☐ grimper
- ☐ marquer mon territoire
- ☐ flairer

- jouer
- me cacher
- guetter
- recevoir des caresses
- chasser de petits animaux
- me blottir contre toi…

… et bien d'autres choses encore

- ....
- ....
- ....
- ....
- ....
- ....
- ....
- ....
- ....
- ....
- ....

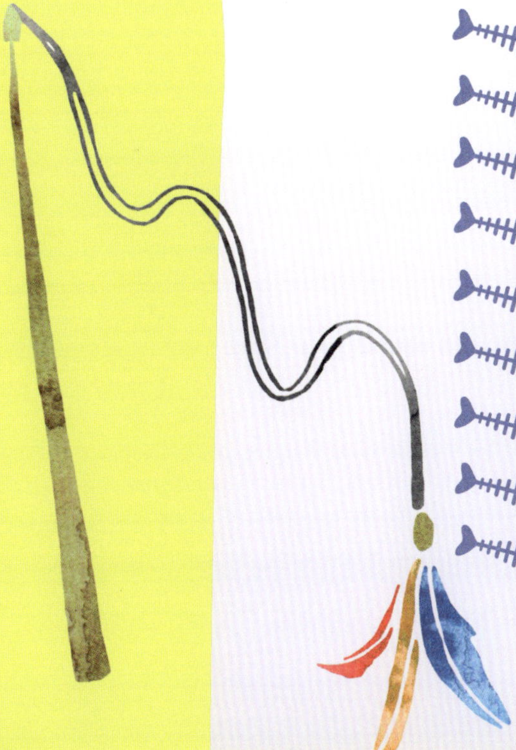

(cadre pour photographies)

Tout sur moi

Ce que je déteste faire

Je miaule en lançant un regard suppliant, ou bien je me cache dans un tiroir : je réagis ainsi quand je dois faire quelque chose que je déteste…

(cadre pour photographie)

(cadre pour photographie)

Voyons si tu me connais bien...

- prendre un bain
- me faire couper/raser les poils
- aller chez le vétérinaire
- devoir me réveiller brusquement
- me retrouver dans une pièce close
- me faire brosser
- me faire couper les griffes
- prendre un médicament
- devoir me mettre au régime
- changer d'habitudes
- devoir rester avec un catsitter
- me retrouver dans une cage
- porter un cône
- entendre des bruits trop forts et soudains
- avoir le regard d'un inconnu fixé sur moi
- subir la présence d'un autre chat
- autre ....

....

....

....

....

Mes chefs-d'œuvre {et mes désastres}

Je t'ai tenu compagnie quand tu n'avais pas le moral, j'ai joué avec les enfants de la famille, j'ai gardé la maison à l'abri des souris. Mais il m'est aussi arrivé de perdre un peu le contrôle, comme la fois où j'ai réduit les coussins en pièces, où j'ai griffé le voisin…
J'admets avoir mal agi, mais nous nous sommes bien amusés, non ?

collons ensemble
les photos
de ces épisodes,
avec un joli
commentaire

Où ....

Quand ....

Vidéo : http ....

(cadre pour photographie)

liste des chefs-d'œuvre/désastres :

....

....

....

....

....

....

....

....

....

(cadre pour photographie)

Où ....

Quand ....

(cadre pour photographie)

Où ....

Quand ....

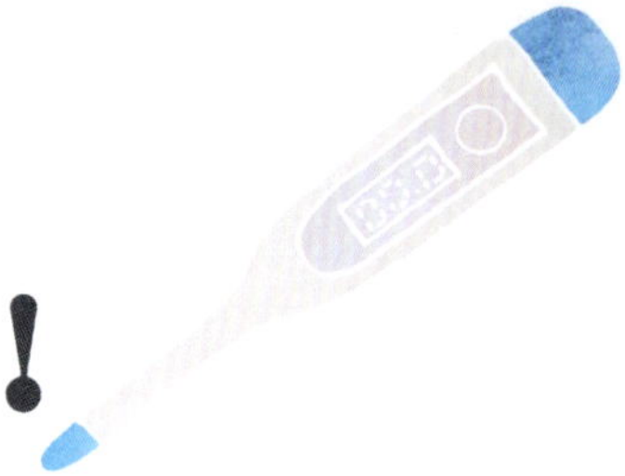

Je vais bien, merci !

Les numéros et adresses utiles

Même si je suis en parfaite santé, il m'arrive parfois quelques petits désagréments : arête avalée de travers, manque d'appétit, perte de poils, etc. Note-les ici, pour n'avoir ensuite aucun mal à résumer mon histoire clinique lors d'une visite chez le vétérinaire.

date	épisode	vétérinaire
......../......../........	....	....
......../......../........	....	....
......../......../........	....	....
......../......../........	....	....
......../......../........	....	....

date	épisode	vétérinaire
..... / ..... /		
..... / ..... /		
..... / ..... /		
..... / ..... /		
..... / ..... /		

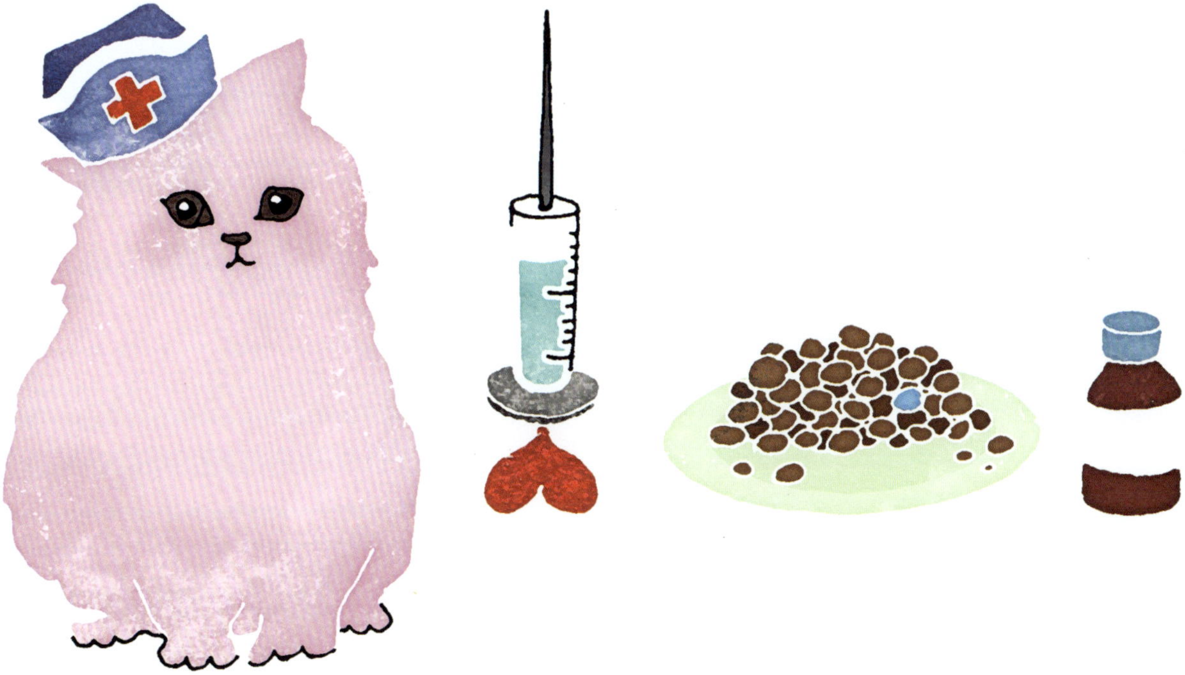

date	épisode	vétérinaire
……/……/……		
……/……/……		
……/……/……		
……/……/……		
……/……/……		
……/……/……		
……/……/……		
……/……/……		
……/……/……		
……/……/……		
……/……/……		
……/……/……		
……/……/……		
……/……/……		

(cadre pour photographies)

Les numéros et adresses utiles

vétérinaire / clinique : .... numéro de tél. : ....

adresse : ....

vétérinaire / clinique : .... numéro de tél. : ....

adresse : ....

vétérinaire / clinique : .... numéro de tél. : ....

adresse : ....

vétérinaire / clinique : .... numéro de tél. : ....

adresse : ....

vétérinaire / clinique : .... numéro de tél. : ....

adresse : ....

vétérinaire / clinique : .... numéro de tél. : ....

adresse : ....

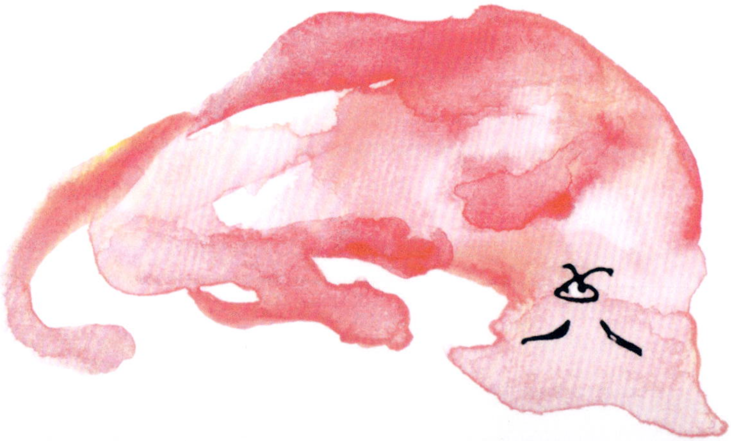

Quelques informations sur les vaccins...

... pourquoi vacciner :

Un chat avec tous ses vaccins en règle est un sujet qui a le plus de chances de vivre longtemps en restant actif, qu'il vive à l'intérieur ou mène une existence plus sauvage. Comme pour tous les bébés animaux, c'est leur mère qui les préserve les premiers mois des maladies avec son lait riche en anticorps. À 2 ou 3 mois, le moment est venu d'effectuer le premier vaccin, avec un rappel trois ou cinq semaines après, le dernier devant avoir lieu avant trois mois.

Il faut commencer par se rendre chez un vétérinaire de confiance qui délivrera le carnet de santé avec tous les renseignements concernant le chat et où seront notés vaccins, examens et visites. Les vaccins conseillés sont de deux types : trivalent et pentavalent ; le premier (typhus, coryza) concerne les chats qui vivent exclusivement à l'intérieur, et le second (leucose), ceux susceptibles de sortir dehors, voire de se balader alentour.

... et lesquels réaliser :

Le vaccin trivalent protège le chat contre la gastro-entérite féline, la rhinotrachéite infectieuse et la calcivirose.

Le vaccin pentavalent protège quant à lui le chat contre les maladies précédentes, plus la leucémie féline (FeLV) et la chlamydiose. On a longuement débattu ces dernières années sur l'intérêt de la vaccination contre la péritonite infectieuse féline (PIF), trop récente pour connaître ses réels avantages. Il n'existe malheureusement aucun vaccin efficace contre le FIV, à savoir le syndrome d'immunodéficience féline, semblable au VIH chez l'homme.

Pour voyager en Europe et dans le monde, le chat doit être vacciné contre la rage à partir de 3 mois (primo-injection), avec un rappel annuel.

Je vais bien, merci !

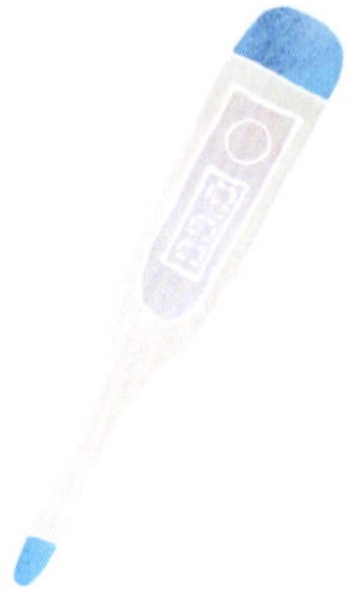

Mes rendez-vous

Ces pages serviront de mémento où noter les rendez-vous médicaux (vaccinations, mesures de prévention, visites de contrôle, etc., sans oublier le toilettage, par exemple).

date	à faire	chez
……/……/……	……………………	……………………
……/……/……	……………………	……………………
……/……/……	……………………	……………………
……/……/……	……………………	……………………
……/……/……	……………………	……………………
……/……/……	……………………	……………………
……/……/……	……………………	……………………
……/……/……	……………………	……………………
……/……/……	……………………	……………………
……/……/……	……………………	……………………

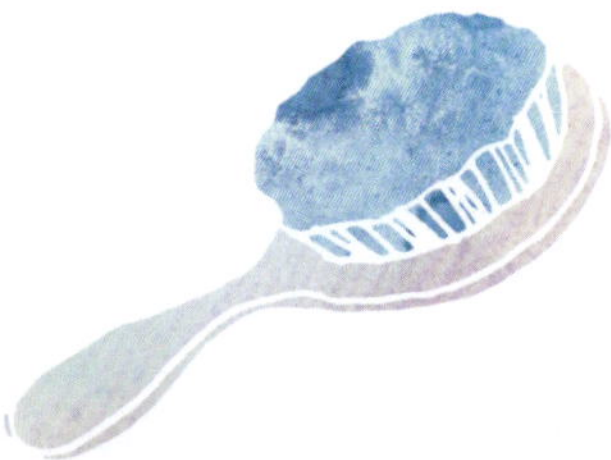

date	à faire	chez
/ /		
/ /		
/ /		
/ /		
/ /		
/ /		
/ /		
/ /		
/ /		
/ /		

En voyage avec mon maître

En promenade, en vacances ou chez des amis ; en voiture ou en bateau, à l'étranger ou près de la maison : l'important est que nous soyons ensemble. Voici les souvenirs de nos plus beaux moments en ballade à travers le monde.

Nos voyages ensemble :

Lieu ....

date ....

(cadre pour photographie)

(cadre pour photographie)

Lieu ....

date ....

Vidéo : http ....

(cadre pour photographie)

Lieu .... *date* ....

Tu te souviens de cette fois à...

(cadre pour photographie)

(cadre pour photographie)

Et de cette promenade à...

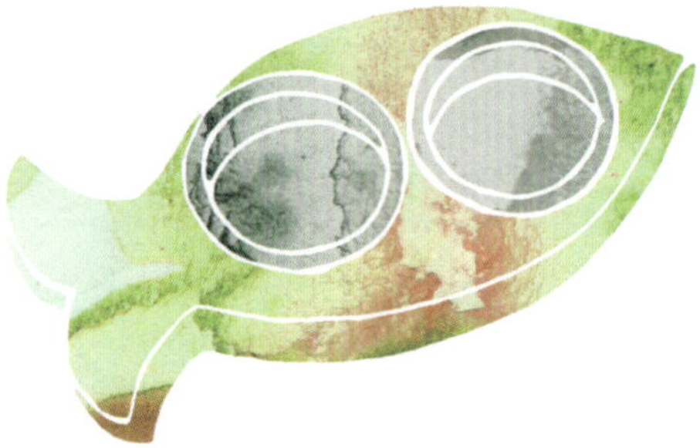

(cadre pour photographie)

Et quand nous sommes allés à...

Un voyage est un moment important passé ensemble ; ces quelques lignes blanches serviront à noter les pensées et souvenirs correspondants :

Vidéo : http ....

Journées spéciales

Les plus beaux souvenirs

Combien d'anniversaires ou de Pâques avons-nous fêtés ensemble ? À combien de Noël et de Nouvel An nous sommes-nous retrouvés avec des amis ou des parents ?

Un stylo et de la colle suffiront à transformer ces pages en une merveilleuse galerie de souvenirs.

(cadre pour photographie)

(cadre pour photographie)

Lieu ....

date ....

Vidéo : http ....

(cadre pour photographie)

(cadre pour photographie)

Lieu ....

date ....

Lieu

....

....

date

....

....

(cadre pour photographie)

Un Noël plein de bonheur :

(cadre pour photographie)

(cadre pour photographie)

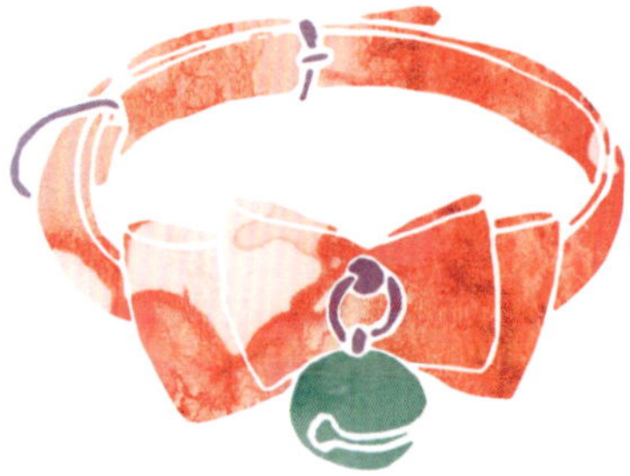

(cadre pour photographie)

Un Nouvel An inoubliable :

Un anniversaire gravé dans les mémoires :

Notre vie ensemble a été ponctuée de journées spéciales ; ces quelques lignes blanches serviront à noter les pensées et souvenirs correspondants :

Test de personnalité

Voyons si tu me connais bien

Cocher les bonnes réponses pour savoir si...
Je suis un bon chasseur

- J'AIME RENIFLER PARTOUT
- J'AIME JOUER AVEC LES LÉZARDS
- J'AIME TENDRE UN GUET-APENS
- JE ME FAUFILE PARTOUT
- JE SUIS TOUJOURS AUX AGUETS
- JE SORS VOLONTIERS DE LA MAISON
- J'OBSERVE TOUT AVEC ATTENTION
- JE ME BAGARRE AVEC D'AUTRES CHATS
- JE ME METS SOUVENT EN ARRÊT
- J'AIME EXPLORER MON TERRITOIRE
- J'AIME CHERCHER DES OBJETS CACHÉS
- J'AIME POURSUIVRE DE FAUSSES PROIES
- JE MORDS TOUT ET N'IMPORTE QUOI

RÉSULTATS

DE 1 À 4: je préférerais un bol de lait
DE 5 À 8: j'essaye, mais ils courent trop vite...
DE 9 À 12: j'ai ça dans le sang !

Cocher les bonnes réponses pour savoir si...
Je suis sociable

- JE VAIS AU-DEVANT DES INCONNUS
- JE N'AI PAS PEUR DES AUTRES ANIMAUX
- J'AIME JOUER AVEC LES ENFANTS
- J'AIME RECEVOIR DE LA NOURRITURE
- J'AIME LES CARESSES
- JE M'ENDORS AU MILIEU DES GENS
- JE ME SENS À L'AISE AVEC DES ÉTRANGERS
- JE ME SENS À L'AISE CHEZ AUTRUI
- JE ME FROTTE CONTRE TOUT LE MONDE
- J'AIME JOUER AVEC D'AUTRES CHATS
- J'AI BESOIN DE COMPAGNIE À LA MAISON
- JE RESTE VOLONTIERS AVEC UN CATSITTER
- J'AIME TOUS LES AMIS DE MON MAÎTRE

RÉSULTATS

DE 1 À 4: PFFFFF... ne m'approchez pas !
DE 5 À 8: d'accord, dans la même pièce, mais je t'ai à l'œil...
DE 9 À 12: une fête ? J'arrive !

Cocher les bonnes réponses pour savoir si…

Je suis un sportif

- JE M'ÉLANCE APRÈS TOUT CE QUI BOUGE
- J'AIME SAUTER
- J'AIME COURIR
- JE ME RÉVEILLE TÔT
- JE TRIE MA NOURRITURE
- J'AIME ÊTRE DEHORS
- J'AIME LA BAGARRE
- J'AIME JOUER AVEC D'AUTRES CHATS
- JE SORS MÊME QUAND IL PLEUT
- JE NE PARESSE PAS SUR LE CANAPÉ
- JE CHANGE SOUVENT DE JEU
- JE TE SUIS PARTOUT
- JE SUIS TOUJOURS AUX AGUETS

RÉSULTATS

DE 1 À 4: je me lève dans 5 minutes…
DE 5 À 8: il ne fait pas trop chaud pour sortir aujourd'hui ?
DE 9 À 12: quel athlète !

Cocher les bonnes réponses pour savoir si…

Je suis un intellectuel

- J'AIME REGARDER LA TÉLÉVISION
- J'AIME ÊTRE ENTOURÉ DE LIVRES
- J'ADORE CONTEMPLER LES NUAGES
- JE SUIS LA MUSIQUE À LA RADIO
- JE RECONNAIS CERTAINS MOTS
- JE SAISIS L'HUMEUR DE MES COMPAGNONS
- JE SAIS M'EXPRIMER DE MULTIPLES MANIÈRES
- JE RECONNAIS DE LOIN LES PERSONNES
- JE RÉPONDS AUX ORDRES
- JE PRENDS LA POSE DEVANT L'OBJECTIF
- J'ÉCOUTE LES BRUITS DE LA NATURE
- JE NE FUIS PAS LE REGARD
- JE SUIS LE CURSEUR DE L'ORDINATEUR

RÉSULTATS

DE 1 À 4: manger, encore et encore !
DE 5 À 8: intéressante cette émission à la télévision……
DE 9 À 12: je finis mon livre et on sort

Mon caractère

Je joue et je grimpe, mais il m'arrive aussi de paresser près du radiateur ; j'adore tendre un guet-apens et poursuivre les lézards, mais je ne déteste pas rester sur tes genoux.

C'est ma nature, je n'y peux rien.

Description de mon caractère en quelques mots : ....

Noter ici certains traits de ma personnalité :

Énergie ....

Intelligence ....

Réponse aux ordres ....

Sociabilité avec ses congénères ....

Sociabilité avec les êtres humains ....

Rapport avec les chatons ....

Rapport avec les enfants ....

Paresse ....

Affectuosité ....

Jalousie ....

Agressivité ....

Gourmandise ....

Territorialité ....

Esprit d'aventure ....

Réflexion ....

Courage ....

Capacité de concentration ....

Finesse des sens ....

Autre ....

....

....

Carnet de bord

Jour après jour, année après année

Depuis que nous nous connaissons, nous avons partagé tant de choses. Voici quelques pages à utiliser comme carnet de bord, où noter les événements, mais aussi les déceptions, les peurs et les joies des jours passés ensemble.

Espace où écrire tout ce qui passe par la tête :

(cadre pour une photographie ensemble)

Lieu ....

date ....

(cadre pour photographies)

Ce que nous avons fait…

Ce que nous avons fait ____________________

____

____

____________________ date ....

Ce que nous avons fait ____________________

____

____

____________________ date ....

Ce que nous avons fait ____________________

____

____

____________________ date ....

Nous, les chats, avons une intelligence sélective : il y a des choses que nous refusons résolument d'apprendre. Impossible, par exemple, de me mettre une laisse (j'accepterai éventuellement de la mettre, mais pas de la garder).

Nous apprenons en revanche très vite où faire nos besoins. Et comme nous sommes routiniers, nous ne l'oublions plus. Au début, déposer quelques croquettes à côté de la litière nous aidera en attirant notre attention.

Attention à ne pas modifier sans raison notre cadre de vie : nous, les chats, avons besoin de repères et le moindre changement nous angoisse. Une preuve ? Il suffit de déplacer la litière dans une autre pièce pour constater les dégâts…

N.B. : chaque page fournit en prime des conseils sur l'alimentation ou la santé

(cadre pour photographie)

Lieu ....

date ....

Vidéo : http ....

Lieu ....

date ....

Le besoin d'avoir en tête une carte à jour de l'endroit où nous nous trouvons est si fort que nous consacrons une grande partie de la journée à cette opération. Cela ne se voit pas, mais nous nous déplaçons comme avec un radar...

Chaque changement trop radical entraînera une réaction de désappointement consistant à arracher les fils d'un pull, faire pipi (ou pire) sur le canapé, griffer les meubles... De petites méchancetés qui ont une explication évidente !

Routiniers, mais curieux : il nous faut de temps en temps de nouvelles stimulations ! L'important est que la nouveauté ne touche pas nos endroits sacrés, à savoir ceux où nous dormons, mangeons ou faisons nos besoins, ou bien nos objets et nos jeux...

Lieu ....

date ....

Lieu ....

date ....

Vidéo : http ....

Contrairement aux chiens, je mange très modérément. Je ne m'empiffre pas, même de ce que je préfère. C'est la méfiance typique des chats, mais aussi mon métabolisme qui me pousse à manger fréquemment en petites quantités, plutôt que de dévorer un seul gros repas.

L'été, quand il fait très chaud, ou durant la période de « mue », le chat mange moins que d'habitude : c'est parfaitement normal et il ne faut pas s'inquiéter. À l'automne, il récupérera vite et retrouvera son poids de forme à l'arrivée des premiers froids…

Il m'arrive, surtout l'été, de vomir un peu. Cela ne signifie pas forcément que je suis malade et ce phénomène a généralement deux raisons principales : les boules de poil que j'ingurgite en faisant ma toilette et les lézards (de belles proies à chasser, mais particulièrement indigestes…).

Ce que nous avons fait

date

Ce que nous avons fait

date

Ce que nous avons fait

date

Quand je dois prendre un médicament, mieux vaut trouver une astuce pour me faire avaler un comprimé : comme je l'ai dit, les chats sont méfiants… Il est donc conseillé de le dissoudre dans l'eau, avant de me l'injecter dans la bouche. Et il y a de grandes chances que je le recrache juste après !

Malins comme nous sommes, nous arrivons aussi souvent à détecter le comprimé dans la bouchée censée le dissimuler, et nous le recrachons. Que faire, alors ? Un moyen presque infaillible consiste à m'ouvrir la gueule en glissant le pouce et l'index derrière mes canines supérieures, à placer le comprimé à la base de ma langue, puis à m'inciter à déglutir en me massant la gorge.

Le problème est souvent lié au goût désagréable du comprimé. On peut y remédier en l'enfermant dans une gélule vide, en vente en pharmacie.

Ce que nous avons fait ______________________________

____

____

____________________ date ....

Ce que nous avons fait ______________________________

____

____

____________________ date ....

Ce que nous avons fait ______________________________

____

____

____________________ date ....

Bon, il m'arrive d'avoir de la fièvre. Comment me prendre la température ?
Avec un thermomètre rectal prismatique comme ceux pour les enfants, lubrifié avec un peu de vaseline ou d'huile d'olive, en le maintenant en place environ une minute.

La température corporelle s'élève à environ 38-38,5 °C chez un chat adulte, et 38,5-39 °C chez un chaton.

Après une course, il faut attendre que mon rythme cardiaque revienne à la normale et se rappeler que le soir, la température est généralement plus élevée que le matin.

Je m'amuse bien
avec mon maître :
quelques joyeuses
photographies
de nous deux

(cadre pour photographie)

Lieu ....

date ....

Vidéo : http ....

Lieu ....

date ....

Pour me couper les griffes, acheter un coupe-ongles spécialement conçu à cet effet et procéder comme suit : saisir ma patte et presser délicatement le coussinet plantaire pour faire sortir la griffe ; éviter la partie rosée, pleine de vaisseaux sanguins, et couper la partie blanche d'un geste ferme.

Me laver seulement en cas d'absolue nécessité : mon poil possède un film protecteur que l'eau et les produits nettoyants risqueraient de détériorer. Quand il le faut vraiment, faire précéder le petit bain d'une longue séance de brossage, pour éliminer le poil inutile.

Me nettoyer les yeux et les oreilles permet en revanche de prévenir les infections. Se servir alors d'un disque de coton imbibé de camomille à température ambiante.

On dit de moi...

Une page blanche où inscrire les commentaires des amis humains qui m'ont connu et qui s'exprimeront librement, comme à l'école au moment de signer au dos de la photo de classe.

Les 10 commandements du chat {tôt ou tard}

1 Se faire tout mince pour se glisser dans une boîte minuscule

2 Poursuivre un chien et le faire déguerpir à toutes jambes

3 Rester toute la journée les yeux fixés dans le vide

4 Dormir sur un radiateur quand il neige dehors

5 Apprendre à ouvrir tout seul le robinet d'eau

6 Grimper tout en haut d'un très grand arbre

7 Regarder *Les Aristochats* à la télévision

8 Manger du poisson jusqu'à épuisement

9 Participer à une bagarre

10 Tomber amoureux

Pour télécharger les **vidéos**, ouvrez le navigateur et allez sur www.youtube.com

Si vous avez un compte Google (ou Gmail), cliquez sur **Connexion**, sinon, allez sur Google, cliquez sur **Créer un compte** et créez une chaîne YouTube. Pour télécharger les vidéos, cliquez sur **Mettre en ligne**, puis sur **Sélectionner les fichiers** à importer, au milieu de la page qui s'ouvrira. Téléchargez ainsi les vidéos choisies depuis votre ordinateur. Dans la rubrique **Confidentialité**, décidez de rendre la vidéo Publique, Privée (visible uniquement par les détenteurs du lien) ou Non Répertoriée (publique, mais exclue des résultats des recherches).

Cliquez sur OK pour **Sauvegarder les changements**. Une fois la vidéo téléchargée, elle s'affichera à l'adresse transmise par YouTube, que vous pourrez noter sur l'album.

Illustrations : Ayano Otani
Projet éditorial : Alberto Bertolazzi - Aliter
Projet et réalisation : Clara Zanotti et Marinella Debernardi
Rédaction : Federica Romagnoli et Alessia Platinetti
Traduction : Cécile Breffort

L'éditeur remercie Mila Bertinetti Montevecchi et Diana Bertinetti pour leur précieuse collaborationet le Dr McCarthy (et son assistante Perrine Millet) pour leur aimable concours.

Signes du zodiaque page 7 © Maaike Boot/Shutterstock

nuinui® est une marque déposée et enregistrée de Nuinui SA
Chemin du Tsan du Pèri, 10 - 3971 Chermignon - Suisse
www.nuinui.ch @nuinui_books_fr @nuinuibooksfrance

ISBN 978 2 88975 521 9
Imprimé en Chine